THIS BOOK BELONGS TO

_____

1 2 3

one

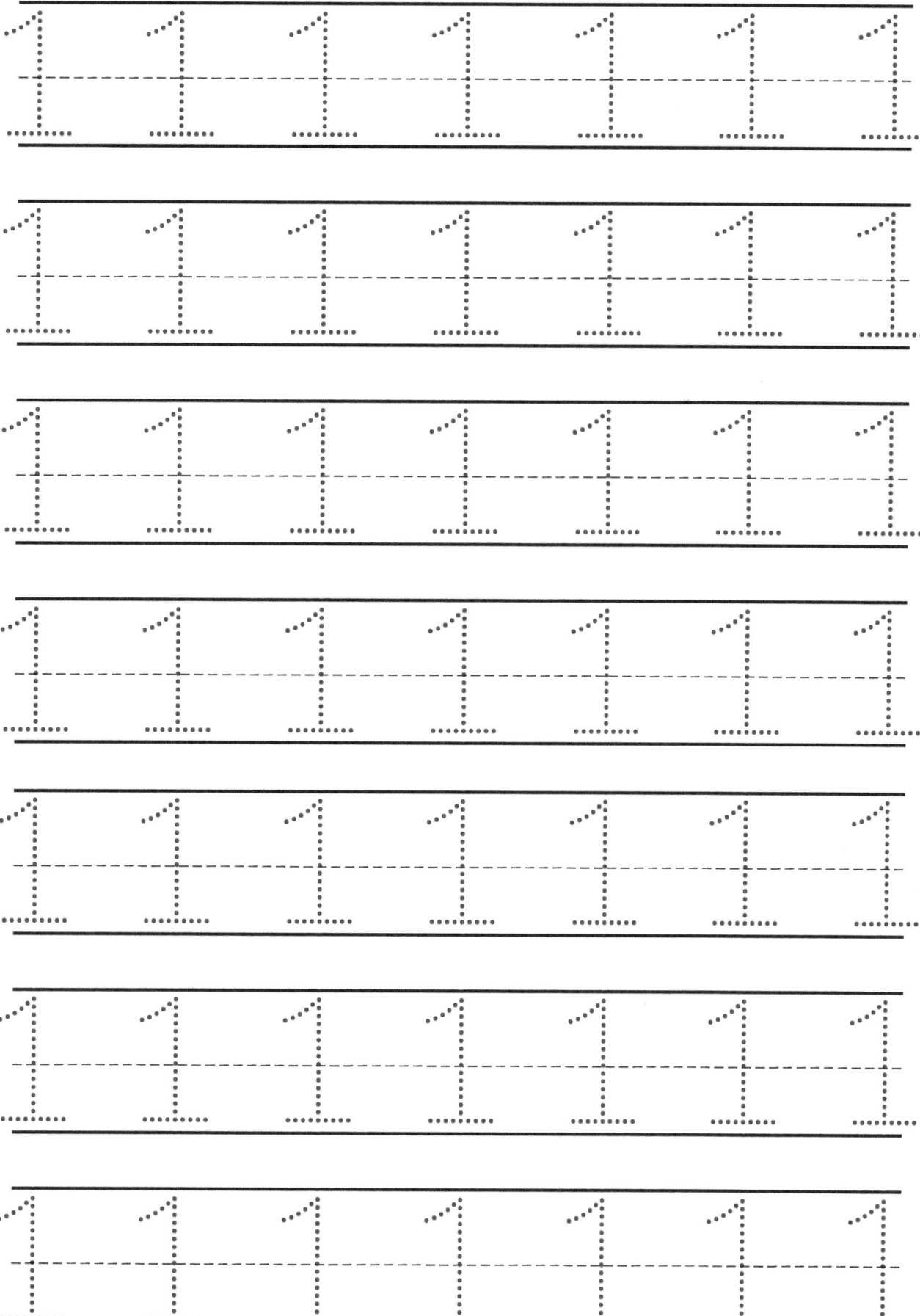

2 2 2 2 2 2

2 2 2 2 2 2

2 2 2 2 2 2

2 2 2 2 2 2

2 2 2 2 2 2

2 2 2 2 2 2

2 2 2 2 2 2

3 3 3 3 3 3 3

3 3 3 3 3 3 3

3 3 3 3 3 3 3

3 3 3 3 3 3 3

3 3 3 3 3 3 3

3 3 3 3 3 3 3

3 3 3 3 3 3 3

4

four

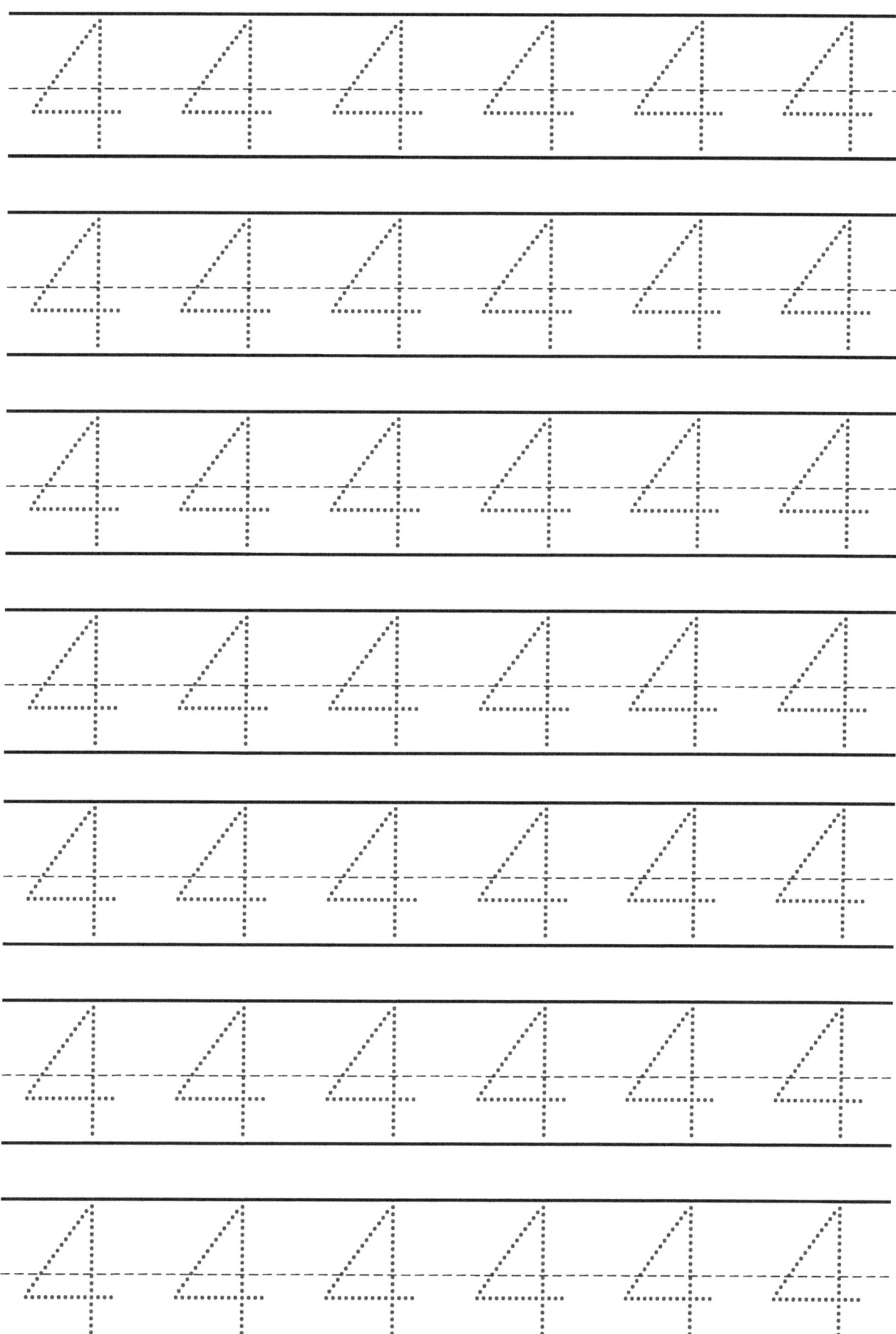

5 5 5 5 5 5

5 5 5 5 5 5

5 5 5 5 5 5

5 5 5 5 5 5

5 5 5 5 5 5

5 5 5 5 5 5

5 5 5 5 5 5

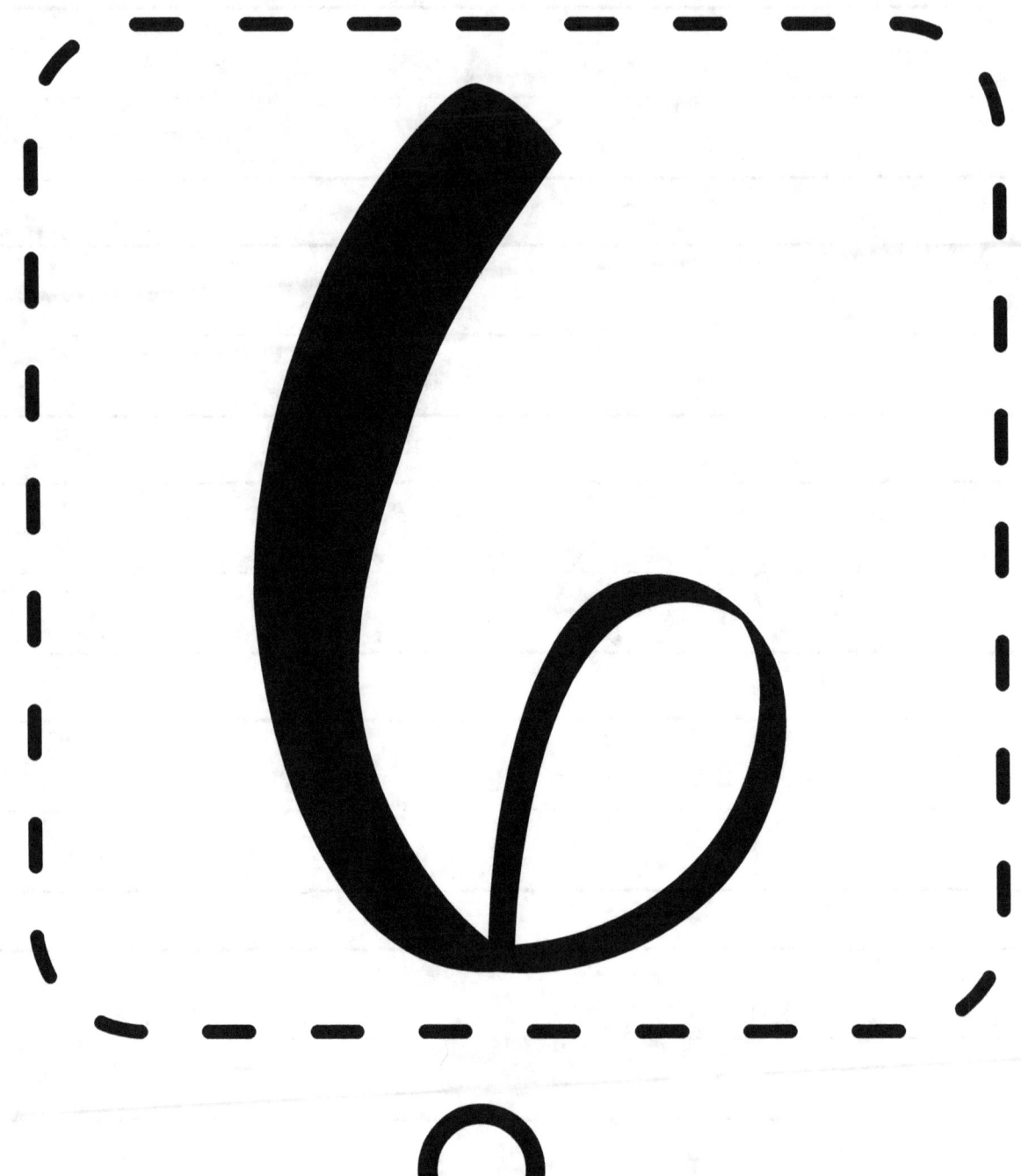

seven

ten

10 10 10 10

10 10 10 10

10 10 10 10

10 10 10 10

10 10 10 10

10 10 10 10

10 10 10 10

www.ingramcontent.com/pod-product-compliance
Lightning Source LLC
Chambersburg PA
CBHW080443220526
45465CB00007B/2750